BEI GRIN MACHT SICH IHR
WISSEN BEZAHLT

Bibliografische Information der Deutschen Nationalbibliothek:

Die Deutsche Bibliothek verzeichnet diese Publikation in der Deutschen National-bibliografie; detaillierte bibliografische Daten sind im Internet über http://dnb.d-nb.de/ abrufbar.

Dieses Werk sowie alle darin enthaltenen einzelnen Beiträge und Abbildungen sind urheberrechtlich geschützt. Jede Verwertung, die nicht ausdrücklich vom Urheberrechtsschutz zugelassen ist, bedarf der vorherigen Zustimmung des Verlages. Das gilt insbesondere für Vervielfältigungen, Bearbeitungen, Übersetzungen, Mikroverfilmungen, Auswertungen durch Datenbanken und für die Einspeicherung und Verarbeitung in elektronische Systeme. Alle Rechte, auch die des auszugsweisen Nachdrucks, der fotomechanischen Wiedergabe (einschließlich Mikrokopie) sowie der Auswertung durch Datenbanken oder ähnliche Einrichtungen, vorbehalten.

Impressum:

Copyright © 2014 GRIN Verlag, Open Publishing GmbH
Druck und Bindung: Books on Demand GmbH, Norderstedt Germany
ISBN: 9783668353138

Dieses Buch bei GRIN:

http://www.grin.com/de/e-book/345392/fachdidaktische-konkretisierung-des-jahr-gangsgemischten-mathematikunterrichts

Tanja Mai

Fachdidaktische Konkretisierung des jahrgangsgemischten Mathematikunterrichts

Schwerpunkt: Didaktische Konzeption und ausgewählte Aufgabenformate

GRIN Verlag

GRIN - Your knowledge has value

Der GRIN Verlag publiziert seit 1998 wissenschaftliche Arbeiten von Studenten, Hochschullehrern und anderen Akademikern als eBook und gedrucktes Buch. Die Verlagswebsite www.grin.com ist die ideale Plattform zur Veröffentlichung von Hausarbeiten, Abschlussarbeiten, wissenschaftlichen Aufsätzen, Dissertationen und Fachbüchern.

Besuchen Sie uns im Internet:

http://www.grin.com/

http://www.facebook.com/grincom

http://www.twitter.com/grin_com

Bayerische Julius-Maximilians-Universität
Lehrstuhl für Grundschulpädagogik und -didaktik

Semester: Sommersemester 2014
Seminar: Grundschule als professionelles Handlungs- und For-
schungsfeld

Fachdidaktische Konkretisierung des jahrgangsge-
mischten Mathematikunterrichts

Schwerpunkt: Didaktische Konzeption und ausgewählte
Aufgabenformate

Angaben zur Verfasserin

Name: Tanja Mai
Studiengang: Lehramt an Grundschulen

Inhaltsverzeichnis: Seite

1. Einleitung

Die nachfolgende Ausarbeitung beschäftigt sich mit der fachdidaktischen Konkretisierung des Mathematikunterrichts in jahrgangsgemischten Klassen. In diesem Abschnitt soll ein grober Überblick gegeben werden, welche Aspekte zu diesem Thema im Folgenden genauer behandelt und dargestellt werden.

Im Allgemeinen besteht die Arbeit aus zwei großen Schwerpunktthemen, nämlich aus der didaktischen Konzeption des jahrgangsgemischten Mathematikunterrichts und aus der Präsentation einiger Aufgabenformate, die für die Umsetzung dieser Konzeption gut geeignet sind. Bei der didaktischen Konzeption soll zunächst näher auf die Begründungszusammenhänge, insbesondere die Notwendigkeit der Differenzierung, eingegangen werden und anschließend zentrale Elemente für diese Konzeption herausgearbeitet werden. Im zweiten Teil der Arbeit, der eher praxisorientiert aufgebaut ist, werden dann die Aufgabenformate „Eigenproduktionen", „Arbeit mit Lernumgebungen" und „Substanzielle Aufgaben" vorgestellt und anhand von Beispielen nochmals illustriert.

2. Konzeption für einen jahrgangsgemischten Mathematikunterricht

Dass der jahrgangsgemischte Unterricht in Mathematik, aber natürlich auch in allen anderen Fächern, aufgrund der sehr heterogenen Klassenzusammensetzung einer neuen beziehungsweise überarbeiteten Konzeption bedarf, zeigt unter anderem auch der neue LehrplanPLUS, der ab kommenden Schuljahr in allen Grundschulen in Bayern in Kraft treten wird. Inwiefern eine neue Konzeption für den jahrgangsgemischten Mathematikunterricht begründet werden kann und welche grundlegenden Elemente diese aufweist, soll nun aufgezeigt werden.

2.1 Begründungszusammenhänge für die didaktische Konzeption

Ausgangspunkt für die didaktische Konzeption ist die Notwendigkeit von Differenzierungsmaßnahmen, welche in einer jahrgangsgemischten Klasse noch stärker zum Tragen kommen müssen als in einer jahrgangshomogenen Lerngruppe, da die Unterschiede zwischen den Kindern noch größere Dimensionen annehmen als ohnehin schon.

Dabei versteht man unter differenziertem Arbeiten die gruppenweise oder individuelle Anpassung der Anforderungen an die Lernmöglichkeiten und den Lernstand der Kinder. Durch Differenzierungsmaßnahmen sollen also Lehr- und Lernprozesse ermöglicht werden, die jedem einzelnen Schüler die Möglichkeit eröffnen, einen Lernfortschritt zu erzielen, „der in der ‚Zone der nächsten Entwicklung' liegt" (Hahn 2010, 211). Grundsätzlich lassen sich zwei Arten der Differenzierung unterscheiden – die äußere und die innere Differenzierung. Äußere Differenzierungsmaßnahmen spielen für den Mathematikunterricht in jahrgangsgemischten Klassen eine eher untergeordnete Rolle, da diese in der Grundschule oftmals nur in Form von speziellen Förderstunden oder –kursen zum Einsatz kommen und somit für die tägliche Unterrichtsgestaltung in der Jahrgangsmischung von geringerer Bedeutung sind. Im Gegensatz dazu spielen Formen der inneren Differenzierung eine sehr bedeutsame Rolle im jahrgangsgemischten Mathematikunterricht.

Innere Differenzierungsmaßnahmen zeichnen sich im Wesentlichen dadurch aus, dass sie Aufgabenstellungen enthalten, welche unterschiedliche Anforderungsniveaus abdecken, aber dennoch einem gleichen inhaltlichen Kontext folgen. Da die Lehrkraft diese unterschiedlichen Anforderungsniveaus vorab durch Aufgabenvariationen herstellen muss, ist die innere Differenzierung immer noch sehr stark durch Lehrersteuerung geprägt. Inwiefern sich diese Lehrersteuerung bemerkbar macht, zeigt die Unterscheidung zwischen quantitativer und qualitativer innerer Differenzierung. Während die Lehrkraft bei der quantitativen inneren Differenzierung lediglich Aufgaben mit unterschiedlichem Umfang vorbereitet, sollte sie bei einer qualitativ inneren Differenzierung Aufgaben zur Verfügung stellen, welche unterschiedliche Schwierigkeitsniveaus aufweisen oder methodisch beziehungsweise medial für die Kinder verändert wurden. Soll der Mathematikunterricht in der Jahrgangsmischung aber eher zugunsten der Schülerverantwortung ausgerichtet werden, ist das Prinzip der natürlichen Differenzierung – „als [eine] Spielart [der] innere[n] Differenzierung" (ebd., 212) – unverzichtbar. „Natürliche Differenzierung wird verstanden als Differenzierung vom Kinde aus" (ebd.) und umfasst ein ganzheitliches und gleiches Lernangebot für alle Kinder der Lerngruppe, welches aus Aufgabenformen besteht, die naturgemäß unterschiedliche Schwierigkeitsgrade beinhalten. Dadurch dass die Kinder selbst bestimmen dürfen, welche Lösungswege sie gehen und welche Hilfsmittel sie dafür benutzen, übernehmen die Schüler mehr Verantwortung für

3

ihren eigenen Lernprozess und können sich entsprechend ihrer individuellen Fähigkeiten bestmöglich in den Unterricht einbringen. Durch das gleiche Lernangebot entsteht für alle Kinder ein natürlicher Kommunikationszusammenhang, der zu „einem tieferen Verständnis der mathematischen Grundideen" (LISUM 2010) beiträgt und in Reflexionsphasen einen gemeinsamen Austausch für alle Schüler ermöglicht. (vgl. ebd. & Hahn 2010, 211 ff.)

2.2 Elemente einer didaktischen Konzeption

Nachdem nun gezeigt wurde, dass im jahrgangsgemischten Mathematikunterricht verschiedene Arten von Differenzierungsmaßnahmen unabdingbar sind, sollen nun im weiteren Verlauf drei zentrale Elemente der didaktischen Konzeption vorgestellt werden, welche sich insbesondere durch den Grad der Lehrersteuerung unterscheiden, und anschließend anhand von Beispielen kurz illustriert werden.

2.2.1 Mathematikunterricht mit inhaltsdifferenzierten Aufgabenangeboten

Inhaltsdifferenzierte Aufgabenangebote sind vor allem dadurch gekennzeichnet, dass die Lehrkraft für beide Jahrgänge der Jahrgangsmischung Aufgaben vorbereitet, die in einen jeweils eigenen inhaltlichen wie auch thematischen Kontext eingebunden sind. Das heißt, „wenn in der Lerngruppe unterschiedliche Ziele mit verschiedenen Inhalten erreicht werden sollen" (Hahn 2010, 216), arbeiten beide Jahrgänge parallel an unterschiedlichen Themenbereichen. Um diese Parallelisierung sinnvoll in den Unterrichtsalltag einzubauen, kommen inhaltsdifferenzierte Aufgaben häufig in Form von Wochen- oder Tagesplanarbeit zum Einsatz. Dadurch dass die Lehrkraft in der Vorbereitungsphase für beide Jahrgänge der Lerngruppe eine Vorauswahl der zu lernenden Inhalte trifft, sind inhaltsdifferenzierte Aufgabenangebote durch ein sehr hohes Maß an Lehrersteuerung gekennzeichnet. Wie genau man diese nun in der Praxis umsetzen kann, zeigt das nachstehende Beispiel für eine 1/2 Klasse. (vgl. ebd., 214 ff.)

Der Arbeitsauftrag für die Erstklässler lautet: „Schreibe für die Zahlen 12, 15, 18 und 20 mindestens 5 verschiedene Zerlegungen auf." (ebd.) Die Schüler der ersten Klasse beschäftigen sich also mit Zerlegungsaufgaben im Zwanzigerraum und dürfen als Zusatzaufgabe auch noch weitere Zahlen entsprechend ihres individuellen Wissensstandes zerlegen. Das bedeutet also, dass die Kinder, trotz der starken Lehrersteuerung, bei dem zusätzlichen Arbeitsauftrag die Freiheit haben, selbstständig Zahlen zu wählen, die sie gerne zerlegen möchten.

Für die Schüler der zweiten Klasse wird hingegen folgende Anweisung gegeben: „Holt euch eine Speisekarte. Bearbeitet den Auftrag." (ebd.)

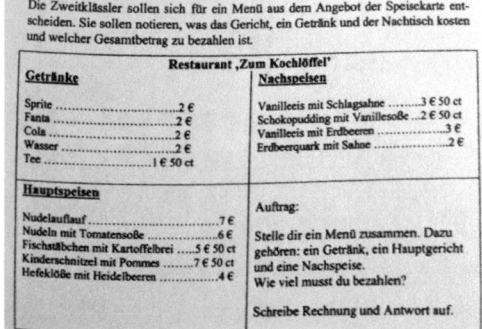

Abb. 1: Menü zusammenstellen (Arbeitsauftrag an Kinder im zweiten Schulbesuchsjahr)
Quelle: Hahn 2010, 215

Die Zweitklässler bearbeiten also nun gleichzeitig einen anderen Arbeitsauftrag, in dem es insbesondere um das Berechnen von Dreiersummen und um den Umgang mit den Einheiten „Euro" und „Cent" geht. Auch hier ist gut zu erkennen, dass die Kinder bei der Aufgabe die Möglichkeit haben, über den gewählten Schwierigkeitsgrad selbst zu entscheiden, da es sowohl glatte Eurobeträge als auch Beträge mit Euro und Cent gibt, die sie wählen können. Insgesamt lässt sich also festhalten, dass inhaltsdifferenzierte Aufgaben zwar sehr stark von der Lehrkraft vorstrukturiert sind, dass sie aber dennoch innerhalb der einzelnen Aufgabenstellungen einen gewissen Grad an Differenzierung zulassen und für die Gestaltung des jahrgangsgemischten Mathematikunterrichts in bestimmten Phasen durchaus ihre Berechtigung haben. (vgl. ebd., 215 f.)

2.2.2 Mathematikunterricht mit anforderungsdifferenzierten Aufgaben

Zentral für einen Mathematikunterricht mit anforderungsdifferenzierten Aufgaben ist, dass die Lehrkraft für alle Kinder Aufgaben zu einem Inhalt vorbereitet, die sie aber vorab in ihren Anforderungs- und Schwierigkeitsniveaus differenziert. Welche Aufgabe beziehungsweise welchen Schwierigkeitsgrad jeder Einzelne letztendlich wählt, liegt dann in der Verantwortung und der Selbsteinschätzungskompetenz des Schülers. Dadurch können beispielsweise gute Schüler der ersten Klasse auch schon Aufgaben auswählen, die eigentlich für Zweitklässler gedacht sind und umgekehrt können sich eher leistungsschwächere Zweitklässler nochmals intensiver mit dem Stoff der ersten Klasse auseinandersetzen. Da das vielfältige Angebot an Aufgaben sowie die freie Aufgabenwahl eher für offene Unterrichtsformen geeignet sind, findet anforderungsdifferenzierender Unterricht sehr häufig in Form von Werkstattunterricht oder Stationenlernen statt. Dennoch wird aber durch einen inhaltsgleichen Rahmen, der für alle Schüler gegeben ist, ein gemeinsamer Austausch über das Gelernte ermöglicht. Dadurch dass die Kinder bei diesen qualitätsunterscheidenden Aufgabenstellungen selbstständig wählen können, auf welchem Niveau sie arbeiten möchten, tritt die Lehrersteuerung zugunsten der Eigenverantwortung der Kinder etwas in den Hintergrund. (vgl. ebd., 216 ff.)

Ein konkretes Beispiel für ein anforderungsdifferenziertes Aufgabenangebot in einer jahrgangsgemischten Klasse der Schuleingangsphase stellt das „Stationenlernen zum Thema ‚Festigung der geometrischen Körper'" (ebd., 217) dar. Die nachfolgende Abbildung zeigt die Aufgaben zu diesem Stationenlernen, wobei die Buchstaben in Klammern (e, m und k) für den unterschiedlichen Schwierigkeitsgrad (leicht, mittel, schwer) der Aufgabe stehen, damit den Kindern bei der Aufgabenwahl eine Orientierungshilfe gegeben ist.

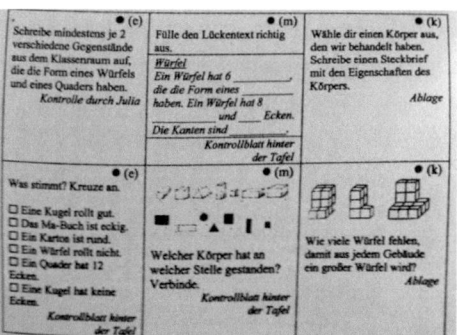

Abb.2: Aufgaben für das Stationenlernen zum Thema ‚Festigung der geometrischen Körper'
Quelle: Hahn 2010, 217

2.2.3 Mathematikunterricht mit anforderungsoffenen Aufgaben

Im Gegensatz zu inhalts- und anforderungsdifferenzierten Aufgaben liegt bei anforderungsoffenen Aufgabenformen „die Verantwortung zur Bearbeitungsqualität und –quantität [vollständig] beim Kind." (ebd., 220) Die Lehrkraft stellt ausschließlich einen offenen Arbeitsauftrag, der für alle Kinder gleich ist, aber der ihnen gleichzeitig verschiedene Wahlmöglichkeiten bietet, wie zum Beispiel bei der Auswahl des Zahlenraums oder Zahlenmaterials, der Rechenanforderungen, des Tempos sowie der Lösungswege und Lösungsstrategien. Dieses inhaltsgleiche, aber dennoch offene Lernarrangement ermöglicht – als einziges Element des jahrgangsgemischten Mathematikunterrichts – das Prinzip der natürlichen Differenzierung vollständig umzusetzen. Die Lehrkraft steht hierbei beratend zur Seite und gibt Tipps, allerdings erkennt sie erst bei der Analyse der Ergebnisse für welchen Schwierigkeitsgrad sich die Kinder entschieden haben. (vgl. ebd., 218 ff. & LISUM 2010)

Ein gutes Beispiel für anforderungsoffene Aufgaben stellen Päckchen mit Aufgabenmustern dar, welche auch im folgenden Arbeitsauftrag zum Einsatz kommen.

„Du kennst Aufgabenmuster. Schreibe je ein Päckchen mit einem Aufgabenmuster zu Additions- (Plus-) Aufgaben und zu Subtraktions- (Minus-) Aufgaben auf. Jedes Päckchen soll 5 Aufgaben enthalten." (Hahn 2010, 218)

Diese Art von Aufgaben führen die Kinder schon in Richtung der sogenannten Forscheraufgaben, die für die Umsetzung der natürlichen Differenzierung im jahrgangsgemischten Mathematikunterricht zentral sind. Allerdings soll in dieser Arbeit nicht näher auf die Päckchenaufgaben sowie die Forscheraufgaben eingegangen werden, da diese in der Arbeit einer Kommilitonin noch genauer behandelt werden.

Abschließend ist aber noch festzuhalten, dass nicht eines dieser Elemente alleine einen guten Unterricht in der Jahrgangsmischung ausmacht, sondern dass die Kombination aus und die Balance zwischen inhaltsdifferenzierten, anforderungsdifferenzierten und anforderungsoffenen Aufgaben Grundlage für einen guten Mathematikunterricht darstellt. (vgl. ebd., 220 f.)

3. Ausgewählte Aufgabenformate

Dieser Teil der Arbeit beschäftigt sich nun mit einigen ausgewählten Aufgabenformen, die für den Mathematikunterricht in der Jahrgangsmischung von großer Bedeutung sind. Insbesondere sollen Eigenproduktionen, die Arbeit mit Lernumgebungen sowie substanzielle Aufgabenformate sowohl theoretisch als auch anhand von Beispielen vorgestellt werden.

3.1 Eigenproduktionen

Eigenproduktionen sind schriftliche oder mündliche Äußerungen, die sich „durch Freiheit in der Wahl der Vorgehensweise und/oder [durch] Freiheit in der Wahl der Darstellungsweise" (LISUM 2010) auszeichnen. Das bedeutet also, dass die Kinder selbstständig entscheiden können, wie sie am liebsten vorgehen möchten und/oder wie sie ihre Ergebnisse und Vorgehensweisen darstellen möchten. Nach Selter werden vier Arten von Eigenproduktionen unterschieden:

- Erfinden von Aufgaben (*Erfindungen*)

- Bewältigen von Rechenanforderungen aufgrund individueller Vorgehensweisen (*Rechenwege*)

- Nutzen von Zusammenhängen innerhalb substanzieller Aufgabenkontexte *(Forscheraufgaben)*

- schriftliche Reflexion über einen Lernprozess (*Rückschau bzw. Ausblick)*

Durch Eigenproduktionen soll den Kindern ermöglicht werden, eigene Kompetenzen zu erkennen, aber auch Kompetenzen von Mitschülern zu entdecken "und gemeinsam auf verschiedenen Niveaus von- und miteinander zu lernen." (Selter 2006, 133) Eigenproduktionen bieten also auch Raum für kooperatives Lernen und nicht ausschließlich für individuelles Lernen. (vgl. ebd., 132 f.)

Folgender Arbeitsauftrag ist ein gutes Beispiel für eine solche Eigenproduktion, weil den Schülern offen gelassen wird, wie sie an die Aufgabe herangehen und wie sie diese letztendlich lösen und darstellen.

8

„Wähle zwei Zahlen, die dir gefallen – eine kleinere und eine größere. Stelle sie auf unterschiedliche Weise dar." (Sundermann & Selter 2005, 127)

Nachfolgende Abbildung zeigt Beispiele für die Umsetzung dieser Aufgabe von zwei Kindern, in denen man deutlich erkennen kann, welchen Raum Eigenproduktionen für die Verwirklichung der natürlichen Differenzierung bieten, da jedes Kind entsprechend seines Wissens und Könnens die Zahlen auf verschiedene Weisen darstellt.

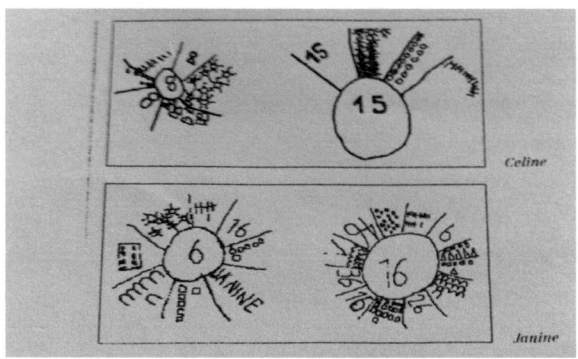

Abb. 3: Eigenproduktionen von Kindern
Quelle: Sundermann & Selter 2005, 128

3.2 Arbeit mit Lernumgebungen

Unter Lernumgebungen werden Aufgaben verstanden, die angemessene Anforderungen an alle Kinder der Klasse stellen. Das bedeutet konkret, dass sie zum Einen „eine niedrige Eingangsschwelle für langsamer lernende Kinder anbieten" (LISUM 2010) und zum Anderen aber auch die Bedürfnisse rechenstarker und hochbegabter Schüler stillen. Da das Arbeiten mit Lernumgebungen die vorhandene natürliche Differenzierung innerhalb der Klasse nutzt, erhalten die Kinder die Möglichkeit, eigentätig zu werden sowie Lernwege, Formen der Darstellung und den Schwierigkeitsgrad selbst zu bestimmen. (vgl. ebd.)

Beispielsweise eignen sich Zahlensteckbriefe sehr gut für die Arbeit mit Lernumgebungen, denn die Lehrkraft kann zum Beispiel drei sehr ähnliche Aufträge stellen, aus denen die Kinder dann selbstständig auswählen können.

„Stelle Zahlensteckbriefe zu einstelligen/zweistelligen/dreistelligen Zahlen her." (ebd.)

Dadurch dass die Kinder frei wählen dürfen, was sie bearbeiten möchten, können sie auch eigenständig den Zahlenraum bestimmen, in dem sie sich zutrauen zu rechnen. Somit ist für alle Schüler – von rechenschwach bis hochbegabt – ein den Anforderungen entsprechendes Niveau gegeben.

3.3 Substanzielle Aufgabenformate

Substanzielle Aufgabenformate lassen sich mit Lernumgebungen vergleichen, da sie ebenfalls „ein zeitgleiches Arbeiten auf verschiedenen Anforderungsniveaus und in verschiedenen Zahlenräumen" (ebd.) ermöglichen. Kennzeichnend für diese Aufgaben ist allerdings auch, dass sie in der Regel aus Leerrastern bestehen, in denen Zahlen über bestimmte Beziehungen miteinander verknüpft sind. Das Ziel substanzieller Aufgaben ist es, die Regeln und Strukturen innerhalb dieses Rasters ausfindig und für das Lösen der Aufgabe nutzbar zu machen. Diese besonderen Aufgabenformen eröffnen für die Lernenden viele Lernchancen, da sie die Regeln, nach denen die Zahlen im Raster verknüpft sind, verstehen und beschreiben können müssen, zentrale Begriffe erarbeiten müssen sowie die Regeln dann auch in Eigenproduktionen anwenden sollen. Für substanzielle Aufgabenformen gibt es eine Reihe an Beispielen, von denen einige aufgeführt und ein spezielles genauer betrachtet werden soll. Zu den bekanntesten Beispielen gehören unter anderem die Zahlenmauern, Rechendreiecke, Zahlengitter, strukturierte Päckchen, Rechenketten, Häuserreihen sowie Zauberdreiecke und –quadrate. Letztere sollen nun etwas genauer vorgestellt werden.

Für die Grundschule eignen sich am besten 3x3- oder 4x4-Zauberquadrate (vgl. Abb. 4), also Quadrate, die aus neun beziehungsweise 16 Feldern bestehen. In diesen Quadraten sind die Zahlen so angeordnet, dass die Summe der Zahlen in jeder Zeile, Spalte und Diagonale die gleiche Zahl, die sogenannte Zauberzahl, ergibt. Des Weiteren können die Kinder bei 3x3-Quadraten entdecken, dass die Zauberzahl dreimal so groß ist wie die Mittelzahl und bei 4x4-Quadraten, dass beispielsweise auch die vier mittleren Zahlen die Zauberzahl ergeben.

7	8	3
2	6	10
9	4	5

12	7	11	0
1	10	6	13
2	9	5	14
15	4	8	3

Abb. 4: Beispiele für ein ausgefülltes 3x3- und 4x4-Zauberquadrat

Somit ermöglicht das Format der Zauberquadrate für jeden Schüler einen eigenen Zugang und lässt jeden auf seinem Niveau rechnen, forschen und erklären. Deshalb eignet es sich auch besonders gut für den Mathematikunterricht in jahrgangsgemischten Klassen, um der Heterogenität gerecht zu werden.

4. Fazit

Zusammenfassend kann also gesagt werden, dass es sehr viele gute Elemente und Aufgabenformate gibt, um den Mathematikunterricht in einer jahrgangsgemischten Klasse erfolgreich umzusetzen. Durch vielfältige Differenzierungsmaßnahmen, die bereits auch in Jahrgangsklassen vorherrschen, kann man den Bedürfnissen und Interessen der Kinder größtenteils gerecht werden. Des Weiteren ermöglicht die Kombination aus anforderungsbestimmten und anforderungsoffenen Aufgaben, die hierarchische Struktur des Faches Mathematik auch in der Jahrgangsmischung umzusetzen und diese eben auch in bestimmten Bereichen, in denen es möglich ist, aufzusplitten. Deshalb kann ein guter Mathematikunterricht auch in sehr heterogenen Lerngruppen durchaus umsetzbar und erfolgreich sein.

5. Inhaltsverzeichnis

- Hahn, H.: Didaktische Elemente im jahrgangsgemischten Mathematikunterricht der Schuleingangsphase. In: Hahn, H./Berthold, B. (Hrsg.): Altersmischung als Lernressource. Impulse aus der Fachdidaktik und Grundschulpädagogik. Baltmannsweiler 2010.

- Landesinstitut für Schule und Medien Berlin-Brandenburg (LISUM): Jahrgangsübergreifender Mathematikunterricht in der Schuleingangsphase. Ludwigsfelde 2010. Unter: http://bildungsserver.berlin-brandenburg.de/fileadmin/bbb/unterricht/faecher/naturwissenschaften/mathematik/Jahrgangsuebergreifender_Mathematikunterricht.pdf [abgerufen am 09.07.14].

- Selter, Ch.: Mathematik lernen in heterogenen Lerngruppen. In: Hanke, P. (Hrsg.): Grundschule in Entwicklung. Herausforderungen und Perspektiven für die Grundschule heute. Münster 2006.

- Sundermann, B./Selter, Ch.: Mit Eigenproduktionen individualisieren. In: Christiani, R. (Hrsg.): Jahrgangsübergreifend unterrichten. Berlin 2005.